听爸爸讲身边的科学

大自然里的学问

张耀明 / 主编

马玉玲 / 编绘

U0376380

吉林科学技术出版社

CONTENTS
目 录

星星的亮与暗不仅和星星本身的发光能力有关，还和星星距离地球的远近有关。就好比两颗灯泡，其中一颗灯泡发光能力比较强，另一颗灯泡发光能力比较弱。但如果发光能力强的那颗灯泡比发光能力弱的那颗灯泡距离我们远很多，那么发光能力强的那颗灯泡可能就没有发光能力弱的那颗灯泡看起来亮。

我们都知道地球是具有引力的，会把周围物体都"拽"到地面上来。不过，云朵可不怕万有引力，因为它有可靠的"小帮手"。云朵是水汽遇冷后凝结而成的，因为水汽的体形很小，所以云朵下降的速度就很慢。同时，地面上有源源不断上升的热空气和水汽，它们就像一双大手，会稳稳地托住缓缓下降的云朵。有了热空气和水汽的帮忙，云朵自然就不会轻易地掉下来啦。等云朵达到一定的重量和温度后，它就会以雨的形式降落下来。

水汽

为什么天上的云朵不会掉下来？

火烧云是有人在天上悄悄地放了一把火吗？当然不是。阳光是由红、橙、黄、绿、蓝、靛、紫七种颜色的光组成的，其中，红色和橙色的光波最长，最不容易被散射。早晨和傍晚，空中又有许多水珠和灰尘，它们会使阳光散射得厉害，许多颜色的光都减弱了，只有红色和橙色的光保留得最多，而这些光照耀在云层上，就形成了漂亮的火烧云。

火烧云是怎么回事?

天空真漂亮啊，就像一幅美丽的画。

9

闪电和雷声约好了同时出发，可谁知雷声刚出发，闪电就没了踪影，这究竟是怎么一回事呢？原来，闪电是光，光的传播速度约为 3 亿米 / 秒，雷声的传播速度约为 340 米 / 秒。也就是说，雷声才走一步，闪电就已经跑了约 88 万步了。因为光的传播速度比声音的传播速度快得多，所以我们会先看到闪电，后听到雷声。

天空中一朵带正电的云和一朵带负电的云相遇了，一开始它们在一起聊得可开心了，可没过多久，它们竟然吵了起来，最后甚至还不甘示弱地动起手来。在两朵云打架的过程中，就产生了电，并散发出热量。于是，云周围的空气温度升高了，体形也变大了，便开始推挤旁边的空气，这时就会产生强烈的爆炸式震动，并发出"轰隆隆"的响声，也就是我们听到的雷声。

为什么下雨时会打雷？

打雷真可怕！

又~~隆隆

为什么下雨后有时会出现彩虹？

刚下完雨的天空中聚集着许多小水珠，这些小水珠很喜欢和阳光"开玩笑"，当阳光穿过它们的"身体"时，调皮的小水珠就会改变阳光的照射方向。阳光在经过一次反射及两次折射后，就分散成了红、橙、黄、绿、蓝、靛、紫七种颜色的光谱，也就是彩虹。

这是小水珠在"变戏法"呢！

哇，彩虹可真美啊！

雨滴是从云朵中掉出来的，它就像云朵的眼泪。然而，云朵就算是在"哭泣"，也不愿意老老实实地待在原地，它总是动来动去。此时，雨滴便也会在惯性的作用下，跟着云朵移动一段距离；有时，雨滴还会遇到风，被风吹得飘来飘去。于是，雨滴便改变了运动轨迹，斜着掉落下来。

为什么雨点不是垂直落下的？

太阳光由红、橙、黄、绿、蓝、靛、紫七种颜色的光组成。阳光想要顺利到达地面，就不得不穿过大气层。可大气层中的物质别提多"顽皮"啦，它们会挡住波长较短的蓝色光、紫色光的路，使蓝色光、紫色光在大气层中"慌乱"地散向四面八方，再加上我们的眼睛对紫色不是很敏感，所以天空看起来就是蓝色的了。

为什么天空是蓝色的？

地震可不是大地在"生气"，而是一种自然现象。地壳是固体地球的最外层。地壳的岩石层由几个巨大的板块构成。当地壳发生运动时，各个板块就会你推我，我挤你，谁也不让着谁。在板块与板块相互挤压、碰撞的过程中，出现的地表振动或断层的现象，就叫地震。

我也来帮忙！

轰

地震是大地"生气"了吗？

洪水很爱"搞破坏"，它长着一张大大的"嘴巴"，会吞掉沿途的树木、房屋等。为什么会产生洪水呢？原来，当发生暴雨或冰雪迅速融化等情况时，如果江河容不下那么多的水，多余的水就会一股脑地从江河中"蹿"出来，于是就产生了洪水。

煤炭并不是谁悄悄埋在地下的，而是大自然送给我们的"礼物"。很久以前，地面上长着大量的林木。后来，随着地壳不断运动，一部分林木和林木的遗骸就被埋进了地下。它们被埋入地下后，不但不能接触到新鲜空气，还要承受高温、高压的"折磨"，渐渐地它们就成了"黑脸"煤。如果你仔细看，就会发现煤身上依然保留着植物叶和根茎的痕迹哟。

是谁把煤炭埋在地下的？

这是大自然送给我们的礼物。

为什么会有春夏秋冬？

春夏秋冬是怎么来的？

"我最喜欢转圈圈啦！温暖的春天、炎热的夏天、凉爽的秋天、寒冷的冬天可都是我转出来的。"地球洋洋得意地说道。原来，地球在绕着自转轴自转的同时，还会绕着太阳公转。太阳直射一个地方时，这个地方的温度就会升高。可因为地球喜欢转圈圈，所以太阳直射的地方也会随之改变。于是，就产生了冷暖不一的四季。

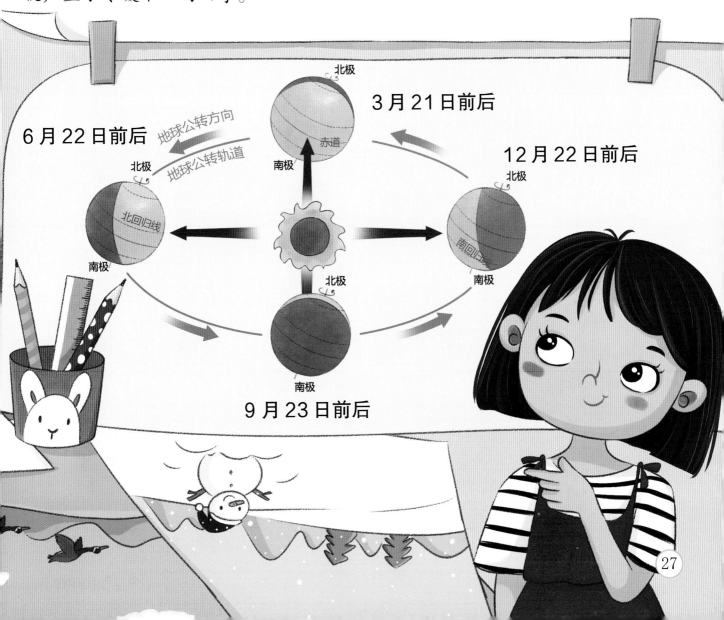

让人感到惊讶的是，又亮又热的太阳竟是由大量的气体组成的。这些气体就是氢，氢会在太阳的"肚子"里蹿来蹿去，当四个氢核相撞后，就会形成一个氦核，同时释放出光和热，这个过程就被称为"热核反应"。热核反应会使太阳变得既明亮又滚烫，其中心温度甚至超过了 1500 万 K。可以说，太阳就是一个炽热的大火球。

太阳上的温度是多少呢?

你们瞧，太阳像不像一个大火球?

氢核

氦核

银河系是个"大旋涡"吗？

旋臂

银河系属于旋涡星系。它的主体看起来就像一个巨大的银盘，银盘的周围"长"着几只弯曲且长长的"手臂"，这些"手臂"由许多恒星和尘埃组成，叫作旋臂。同时，银河系整体在不停地旋转运动着。所以，从外形结构来看，银河系的确像一个大旋涡。

地球究竟有多大?

地球是一个不规则的巨大球体，它的平均半径为 6371 千米，赤道半径约为 6378 千米，极半径约为 6357 千米，最大周长约为 4 万千米，表面积约为 5.1 亿平方千米。这些冷冰冰的数字可能并不能让你明确地感知到地球的大，换个方式讲，如果一个人想要从南极走到北极，按照正常的行走速度，他要不停歇地走约 200 天才能完成。一架速度为 800 千米每小时的飞机若想绕着赤道飞一圈，那它就需要不分昼夜地飞 2 天多。现在，你知道地球有多大了吧。

哇，地球可真大啊！

33

地球喜欢围着太阳"转圈圈"，月球则喜欢绕着地球"转圈圈"，地球、月球并不会自己发光，它们的光都来自太阳。当太阳、月球、地球三者转到同一水平线上时，就会发生日食或月食。这时，如果月球恰好处于太阳与地球之间，月球就会挡住太阳的光，这就产生了日食；而当地球处于太阳与月球之间时，地球就会挡住太阳照向月球的光，这就产生了月食。

月球

地球

太阳

为什么会发生日食、月食？

要知道，水、食物、空气是维持生命的三大要素。而月球上不但没有液态水，空气也极其稀薄。另外，月球上的昼夜温差很大，约有310℃，这就导致我们无法在月球上大量地种植蔬菜、水果等。因此，月球上也没有能供我们补充能量的食物。所以，月球上并不适宜住人哟。

爸爸，月球上能住人吗？

白天和黑夜的交替可不是白天在跟黑夜玩捉迷藏。事实上，地球是一个绕着自转轴自西向东旋转的球体，这个球体既不发光，也不透明。所以，同一时间内，太阳只能照亮地球的一部分，这一部分叫作"昼半球"；而没被太阳照亮的那一部分，则叫作"夜半球"。且地球自转一圈约 24 小时，白天和黑夜就会"轮班"来到我们所住的地区。

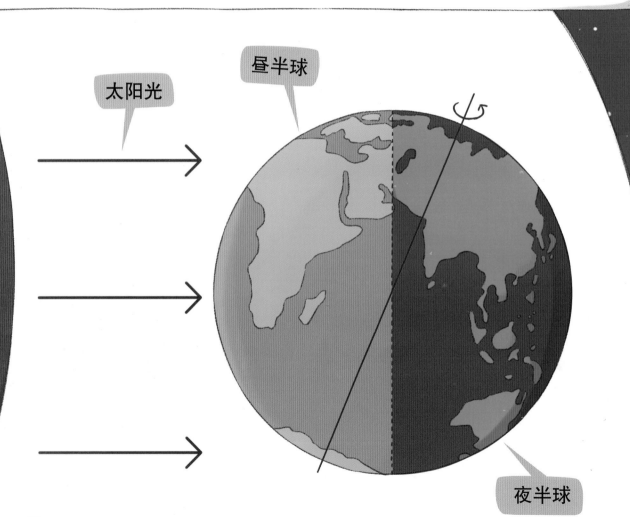

太阳光

昼半球

夜半球

"呼哈，呼哈……"地面正大口大口地吐气呢。原来，正午（12点）的时候，阳光几乎直射地面，于是，地面就接收到一天中最多的热量，变得热烘烘的。这时，地面为了好受一点儿，就想了一个办法——吐出更多的热量。于是，地面吐出的热量在被空气吸收后，气温就升高了。不过，这个过程需要一段时间，这就是一天之中午后的气温最高的原因了。

为什么一天之中午后的气温最高?

啊，真热呀!

为什么会出现流星？

流星体原本正悠闲地绕着太阳"跑"，谁料在它靠近地球时，竟被地球的引力拉向地球，并不受控制地冲进了地球的大气层中。由于流星体"跑"得实在太快了，它就和大气层产生了剧烈的摩擦，接着它便燃烧了起来，发出耀眼的光，并在空中留下了美丽的光迹。这就是我们所说的流星。

为什么海水是咸的？

可能是雨水这个勤劳的"搬运工"。

海水是咸的是因为海水中含有丰富的盐。那是谁在不停地往海里撒盐呢？一种说法是雨水在"搞鬼"。雨水就像一群勤劳的搬运工，当它们往海里流动时，会一边"跑"，一边把土壤、岩石里的盐分"搬"走。等雨水到达大海，盐分也就溶进了海水中，海水就变成咸的啦。

爸爸，是谁把盐撒进海里的？

"我不是蓝色的。"海水委屈地说。这到底是怎么一回事呢？原来，海水本身是无色透明的，但因为阳光是由红、橙、黄、绿、蓝、靛、紫七种颜色的光组成的，所以当阳光穿过海水时，穿透力较弱的蓝光、紫光就会被海水强烈地散射和反射。不过，人眼对紫光并不敏感，于是我们看到的海面就是蓝色的了。

海水为什么是蓝色的？

46

为什么海水是蓝色的？

海浪在冲向天空时，会情不自禁地"拉"住一些空气，将它们紧紧地抱进怀里。所以浪花的"身体"里不仅有水，还有小气泡哟。小气泡可帮了浪花不小的忙，它使各种颜色的光被反射、折射的概率是相等的，于是浪花看起来就是白色的了。

这是浪花里的小气泡在"捣蛋"。

气泡

为什么浪花是白色的?

为什么高原上的开水不是 100℃?

50

在高原上烧水时，水已经咕嘟咕嘟冒泡泡了，可水的温度却不高，显然还没达到100℃，这究竟是怎么一回事呢？原来，这是大气压在"捣蛋"。在标准大气压下，水要到100℃时才能达到沸点。水的沸点会随着大气压的降低而降低，高原上的大气压比平原上的大气压要低很多，所以此时水不到100℃就能达到沸点，沸腾了。

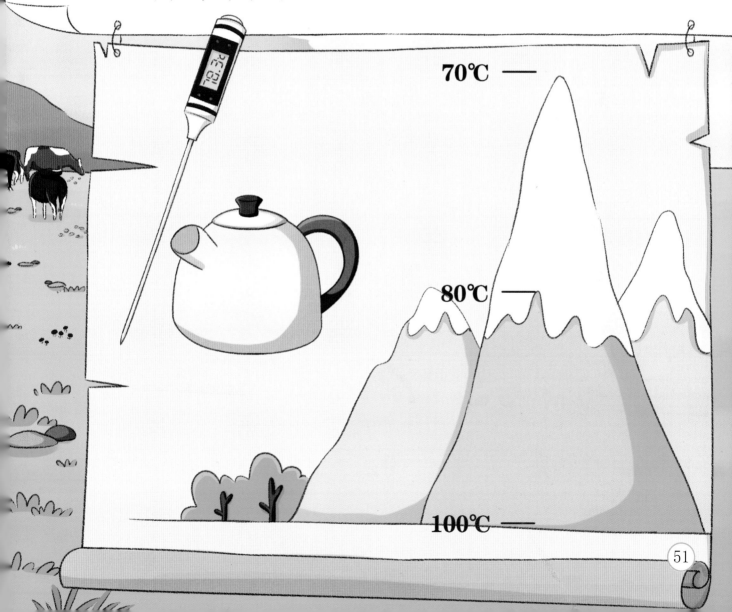

70℃ ——

80℃ ——

100℃ ——

热热的泉水可不是人为加工出来的，它从地下流出来时就已经是热的了。温泉水大多数是地下水。有些地方的地底下埋着滚烫的岩浆，如果地下水从那儿流过，就会渐渐地被烘热。等这些地下水终于攒够力气"挤"出地面时，它们就变成热热的泉水啦！

是岩浆。

为什么沙漠里会有绿洲？

这要从冰雪融化讲起……

绿洲是怎么形成的呢？

你别以为干旱的沙漠全是漫天黄沙的景象，事实上，沙漠里也有生机勃勃的绿洲。到了夏天，高山上的冰雪会融化成水往山下流。当水流到沙漠时，就会"钻"进沙子里，形成地下水。地下水顺着不透水的岩层继续流动，直到流到沙漠的低洼处，再蓄力"挤"出地面。有了生命之源——水，各种生物自然就能生存下来，于是，就有了绿洲。

地下水

沙漠中"长"着一朵朵石蘑菇，那场景别提多壮观啦！原来，这些"蘑菇"叫"蘑菇石"，是由"艺术家"——风一点儿一点儿雕琢出来的。风会不断地卷起沙漠中的砂砾，坚硬的砂砾就像一把把锋利的小刀，会不断对沙漠中凸起的岩石进行"打磨"。不过，由于砂砾是有重量的，所以大部分砂砾比较贴近地面。渐渐地，这些岩石就变成了下细上粗的蘑菇状。

为什么沙漠中有些岩石像蘑菇？

为什么果实成熟后会掉下来？

58

"啪！"一枚成熟的果子掉落了下来。原来，这是地心引力与离层携手"合作"的结果。果实成熟后，果柄上的细胞就会渐渐衰老，在果柄和树枝相接的地方形成"离层"。"离层"就像一扇门，会把果树想输送给果实的营养"挡"在外面。果实得不到营养，又被地心引力吸引着，于是就掉了下来。

离层

营养物质

这苹果看起来熟透了。

图书在版编目（CIP）数据

大自然里的学问 / 马玉玲编绘 . — 长春 ：吉林科
学技术出版社，2023.11
（听爸爸讲身边的科学 / 张耀明主编）
ISBN 978-7-5744-0839-5

Ⅰ．①大… Ⅱ．①马… Ⅲ．①自然科学－少儿读物
Ⅳ．① N49

中国国家版本馆 CIP 数据核字（2023）第 178883 号

听爸爸讲身边的科学 · 大自然里的学问
DAZIRAN LI DE XUEWEN

主　　编	张耀明
出 版 人	宛　霞
责任编辑	汤　洁
助理编辑	王耀刚
插画设计	稚子文化
封面设计	喀左动力广告有限公司
制　　版	稚子文化
幅面尺寸	212 mm × 227 mm
开　　本	20
印　　张	3
字　　数	65 千字
版　　次	2023 年 11 月第 1 版
印　　次	2023 年 11 月第 1 次印刷

出　　版	吉林科学技术出版社
发　　行	吉林科学技术出版社
地　　址	长春市福祉大路 5788 号出版大厦 A 座
邮　　编	130118

发行部电话 / 传真 0431-81629529 81629530 81629531
　　　　　　　　81629532 81629533 81629534

储运部电话　0431-86059116
编辑部电话　0431-81629517
印　　刷　长春百花彩印有限公司

书　　号	ISBN 978-7-5574-0839-5
定　　价	29.80 元